Who Moved My Cheese?

for Teens

[美]斯宾塞 · 约翰逊 著
吴立俊　罗琳 译

青少年版
for Teens

谁动了我的奶酪？

致年轻的孩子们

中信出版集团 · CHINACITICPRESS · 北京

图书在版编目（CIP）数据

谁动了我的奶酪？（青少年版）/（美）约翰逊著；吴立俊，罗琳译．—3版．
—北京：中信出版社，2015.7（2026.1重印）
书名原文：Who Moved My Cheese? for Teens
ISBN 978-7-5086-5090-6
I. ①谁… II. ①约… ②吴… ③罗… III. 个人－修养－青少年读物 IV. B825-49
中国版本图书馆CIP数据核字（2015）第061605号

WHO MOVED MY CHEESE? FOR TEENS by Spencer Johnson, M. D.

谁动了我的奶酪？（青少年版）

著　　者：[美] 斯宾塞·约翰逊
译　　者：吴立俊　罗　琳
插　　图：刘远民
出版发行：中信出版集团股份有限公司
（北京市朝阳区东三环北路27号嘉铭中心　邮编　100020）
承 印 者：河北鹏润印刷有限公司
开　　本：880mm×1230mm　1/32　　印　　张：3.5　　字　　数：48千字
版　　次：2015年7月第3版　　印　　次：2026年1月第28次印刷
京权图字：01-2010-4679
书　　号：ISBN 978-7-5086-5090-6 / B · 164
定　　价：25.00元

服务热线：010-84849555　　服务传真：010-84849000
投稿邮箱：author@citicpub.com

作者的话

全球有许多人读过《谁动了我的奶酪？》，他们都说要是能在年轻时就读到这本书该有多好，如果那样的话，他们会更加轻松地面对人生的很多事情。

作为一名生活在今天的十几岁的青少年，比起你的父母或祖父母辈，你可能在一生中面对更多变化。如果在生命的早期阶段你就懂得如何发现变化、应对变化，并因此取得成功，这岂不是一件很棒的事！

在下面这个故事中，你将学会如何在大多数人还没有察觉的时候就发现变化；学会怎样杜绝闭关自守，怎样迅速调整自己，随着“奶酪”的变化而变化；学会如何使变化永远朝着有利于你的方向发展。

无论你处在何种变化的情境之中，我都希望你能够运用在这本书中发现的道理去找寻“新的奶酪”——那些对你来说真正重要的事情，那些能真正让你乐在其中的东西！

斯宾塞·约翰逊

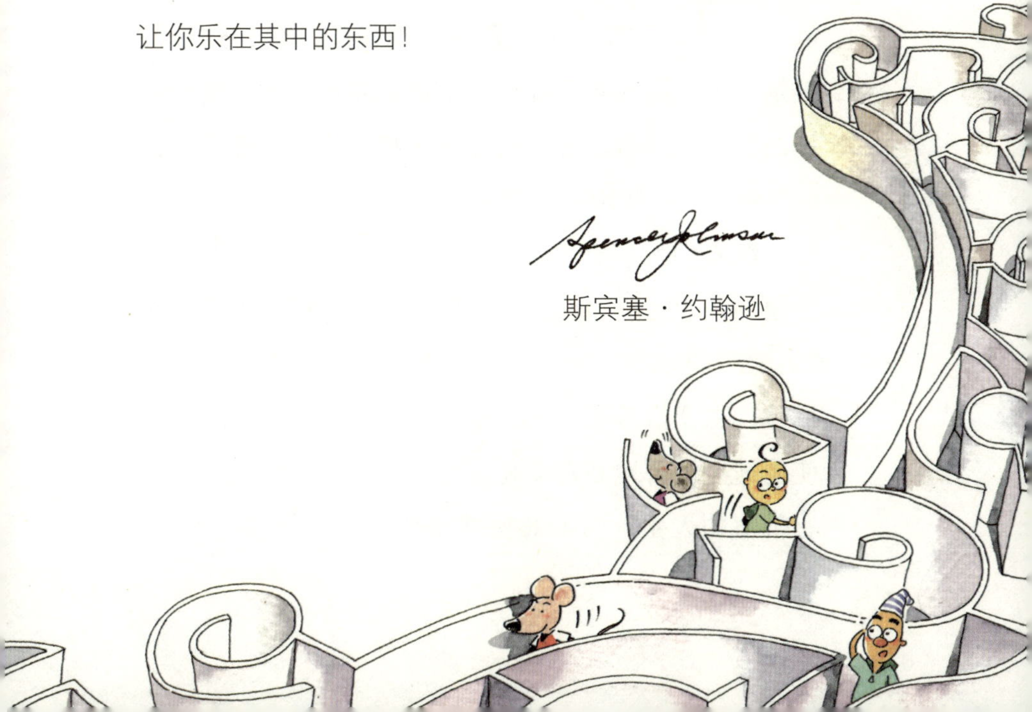

“谁动了我的奶酪”现象

“谁动了我的奶酪”这个故事是由斯宾塞·约翰逊博士创作的，最初这个故事是为了帮助他自己面对生活中发生的一次巨变而创作的。这个故事让他明白应该怎样认真对待变化的局势，而不是一味地以自我为中心。

朋友们发现，斯宾塞的生活发生了可喜的变化，于是纷纷问起原因。斯宾塞便向朋友们讲述了这个“奶酪”的故事。后来，很多朋友竟然在多年以后告诉他，这个故事帮助他们保留了对生活的幽默之心，使他们更机智地面对变化，从而得到了对他们来说更有价值的人生。与斯宾塞博士合著《一分钟经理人》

的肯·布兰佳鼓励他将这个故事写成书，与更多的人分享。

于是，在这个故事面世 20 年后，《谁动了我的奶酪？》出版了。这本书一面世就被人们广为传颂，迅速成为全球第一畅销书。精装本出版后的 16 个月内印刷了 100 万册，在随后的两年中，仅精装本销售量就超过了 1 000 万册。截至 2009 年年底，它的全球销量已突破 2 600 万册！

本书讲述的道理改善了人们的工作、商务、健康和婚姻状况。“奶酪”的故事走进了家庭、公司、学校、教堂、军队和体育团体。这本书在世界各地被翻译成多种文字，以其独特的魅力吸引着全世界的读者。

同时，批评家并不理解，为什么有这么多人认为这个故事有如此巨大的价值。他们说这个故事简单得连小孩子都明白，这简直是在嘲笑他们的智商，因为它所讲的不过是一些简单的常识，而且他们并没有从故事中获益。有些人甚至疑惑，这个故事是不是想告诉人们所有的变化都是有益的，他们甚至应该毫不犹豫地接受那些没有必要的变化。其实故事里并没有这样的意思。

作者认为，喜爱这个故事的人和批评者从各自的角度出发去解读，这都是正确的。实际上，作者的真正用意不在于“谁动了我的奶酪”这个故事本身，而在于读者怎样诠释它，怎样将故事所讲的道理应用于他们自己的实际生活，从而体现出故事的价值。

希望年轻读者阅读了这本书之后，能在生活中采取积极的行动，最终找到并享用你的“新奶酪”。

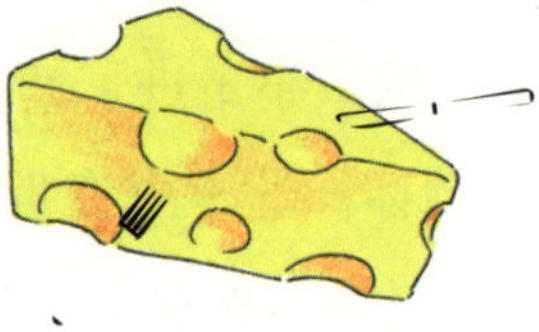

再完美的计划也时常遭遇不测。

——罗伯特·彭斯[①]

生活并不是笔直通畅的通道，
让我们轻松自在地在其中漫步。
生活是一座迷宫，
我们必须从中找到自己的出路。
我们时常会陷入迷茫，
在死胡同中搜寻，
但只要我们始终深信不疑，
就会有一扇门向我们打开。
它或许不是我们曾经想到的那扇门，
但我们最终会发现，
它是一扇有益之门。

——克朗宁[②]

---

① 罗伯特·彭斯（Robert Burns，1759~1796），英国诗人，世界闻名的歌曲《友谊地久天长》的歌词即取自他的诗。——编者注

② 克朗宁（A.J. Cronin，1896~1981），英国小说家，著有《卫城记》、《王国之钥》等作品。——编者注

目 录
CONTENTS

第1章

我们多面的人性

——简单的一面和复杂的一面

我们多面的人性

——简单的一面和复杂的一面

故事中虚构的4个角色：老鼠嗅嗅和匆匆、小矮人哼哼和唧唧，分别代表人类不同的方面，即人性中简单的一面和复杂的一面。

每个人都能在它们身上找到自己的影子，不论我们的年龄、性别、种族和国籍如何。

有时我们的行为像嗅嗅，他能够及早嗅出变化的气息；

或者像匆匆，他能够迅速采取行动；

或者像哼哼，他因为害怕变化而否认和抗拒变化，这会使事情变得更糟；

或者像唧唧，当他认识到变化可以使事情变得更好时，能够及时地调整自己去适应变化！

不论选择哪一面，我们都有一个共同的目标，那就是：在迷宫中找到自己的路，在变化的时代取得成功。

第 2 章

小伙伴们的聚会

午餐时间，市立高中食堂内

小伙伴们的聚会

午餐时间，市立高中食堂内

下课铃声一响，7 个小伙伴就冲出教室直奔食堂。他们迫不及待地要赶到经常一起吃午饭的地方。听说学校里即将发生变动，他们都急着交换意见呢。

克里斯和梅拉妮首先赶到。“对这件事，你怎么想？”克里斯问道。梅拉妮转着眼珠想着。

彼得、凯丽、安娜、卡尔和乔希很快也赶到了，而且开口问的都是同样的问题。由于学校的学生人数太多，校长刚刚宣布，学校的课程安排要进行重大调整。

“我觉得这个变化实在是太无聊了，”安娜一边发表看法，一边将她的双肩包顺手丢到地板上，“我还是喜欢原来的课表，为什么要改呢？”

“就是，简直是发疯，”彼得赞同道，“现在我们当中有人得换老师了。”

克里斯问道：“那又怎样？”

乔希抱怨道：“你刚刚熟悉环境，他们就要改变规则！”

“好了，各位，”克里斯插话道，“谁知道呢，也许变化会使情况变得更好呢？学校太拥挤了，在这种情况下，没准儿变一下反倒更好呢。”

“爱怎么变就怎么变，”卡尔说道，“反正我不想变。”卡尔去年有三门功课不及格。

凯丽笑起来：“这么说，就算这个变化会给我们带来好处，你也会反对？”

卡尔没有笑，坚定地说：“这个学校怎么变也变不好啦。”

梅拉妮的目光直视着桌子的另一端，“你怎么能这样肯定呢？我们还没有试过呢。”

“我生活中的变数已经够多了，”乔希插话道，“我可不想再有更多的变化。”

在座的每个人都清楚乔希话中的意思。乔希很小的时候，他的父亲就去世了，他始终没有从阴影中走出来。从那以后，他一直愤愤不平地对待生活中发生的一切变化。

“我也是这么想的，”卡尔一边说着一边缩进椅子里，“不管怎么变，我是铁定要在暑期补课了。”

克里斯笑着摇了摇头。

“你觉得这很好笑吗？”乔希锁紧了眉头问克里斯。

克里斯回答道：“我可没有笑你，我是在笑我自己，你们的话让我想起以前的我。”

“噢？你不是原来的你了？”乔希有点儿挑衅地问道。

凯丽疑惑地望着克里斯：“你好像是咱们几个人里

唯一对新课表没有意见的人，难道你有什么内幕消息吗？”

“就是，”梅拉妮随声附和，直视着她的朋友，“发生了什么事？最近你好像要变成‘快乐先生’了，喜欢上什么人了吧？”

“不是那么回事，”克里斯说，“是因为我叔叔给我讲了一个他在工作时听到的故事。这个故事让我开始反省自己，觉得自己很可笑。我现在看待事情的态度跟以前截然不同了。”

“是这样啊，那是什么故事呢？”梅拉妮问。

“这个故事叫‘谁动了我的奶酪’。”

几个人都笑了起来。

凯丽说：“好古怪的名字，我觉得我会喜欢这个故事的。它讲了些什么？”

“这个故事讲的是 4 个小家伙在一个迷宫里寻找奶酪。‘奶酪’代表任何对你来说很重要的东西，比如，在一个集体里能够与他人融洽相处，有男朋友或女朋友，上大学，又或者是离开学校后找到好工作，可以让你自食其力，生活得自由自在。迷宫就是你找寻奶酪的地方——比如学校。”

“听起来很俗气啊。”乔希取笑道。大家跟着坏笑起来。

卡尔瞥了一眼墙上的钟，说：“我们还有足够的时间听这个故事吗？”

“我想听。”梅拉妮说。

“好吧，我争取把这个故事完整地讲给你们听，可是要花一点儿时间。”克里斯告诉大家，“如果我现在开始讲，到午饭时间结束肯定能讲完。”

“好吧，”乔希说，“你讲你的，我们可要吃饭了。但是最好给我们讲一个好听点儿的故事哟。”说罢，他张嘴咬了一大口三明治。

“没问题，”克里斯说，“当然，这取决于你怎样理解这个故事。”

克里斯又补充道：“听这个故事的时候，你可以问一问自己，你的‘奶酪’是什么，你是故事中的哪个角色。”

克里斯讲了起来……

第3章

谁动了我的奶酪？

谁动了我的奶酪？

从前，在一个遥远的地方，住着4个小家伙。为了填饱肚子和享受乐趣，他们每天都在不远处的一座奇妙的迷宫里跑来跑去，寻找一种叫作“奶酪”的黄澄澄、香喷喷的食物。

其中两个小家伙是小老鼠，一个叫“嗅嗅”，一个叫“匆匆”。另外两个小家伙是小矮人，和老鼠一般大小，但和人一样长相，行为也和今天的人类差不多。他俩的名字一个叫“哼哼”，另一个叫“唧唧”。

由于这4个小家伙实在太小了，所以干什么都不太会引起旁人的注意。但如果凑近仔细观察，你会发现许多令人惊奇不已的事情！

这 4 个小家伙每天都在迷宫中度过，寻找他们各自喜欢的奶酪。嗅嗅、匆匆的大脑和其他啮齿类动物的一样简单，但他们有很好的直觉。和别的老鼠一样，他们喜欢的是那种适合啃咬的、硬一点儿的奶酪。

而那两个小矮人哼哼和唧唧，他们的脑袋里装满了各种信念和情感，他们要找的是一种特别的奶酪。他们相信，这样的奶酪会给他们带来幸福、助他们成功。

尽管小老鼠和小矮人的目标各不相同，但他们做的事情是差不多的。每天早上，他们会穿上运动服和跑鞋，离开他们的小房子，跑进迷宫寻找各自钟爱的奶酪。

迷宫中有许多曲折的通道和像蜂窝一样的房间，其中一些房间里藏着美味的奶酪，但更多的地方则是黑暗的角落和隐蔽的死胡同。任何人走进迷宫都很容易迷路。

同时，这座迷宫还有一种神奇的力量，它能使那些找到奶酪的人享受到美好的生活。

两只小老鼠嗅嗅和匆匆总是用简单低效的反复尝试的办法找奶酪。他们跑进一条通道，如果通道旁边的房间都是空的，他们就返回来，再去另一条通道搜寻。没有奶酪的通道他们都会牢记在心。就这样，他们迅速地从一个地方找到另一个地方。嗅嗅可以用他那了不起的大鼻子嗅出奶酪的大致方向，匆匆则跑在前面开路。然而迷宫太大、太复杂，如你所料，他们经常会迷路，不是离开正道走错了方向，就是撞到了墙上。

而两个小矮人哼哼和唧唧则运用他们的大脑思考，从过去的经验中学习。他们靠自己复杂的大脑整理出了一套复杂的寻找奶酪的方法。

哼哼和唧唧的方法比他们的老鼠朋友高效，因此他们走进死胡同和碰壁的情况比小老鼠们少得多。他们为此时常沾沾自喜、自鸣得意，甚至有些看不起低智商的老鼠朋友。然而有时候，人类复杂的头脑所带来的复杂感情也会扰乱他们的理性思维，使他们看问题的眼光变得不那么敏锐。这使得他们在迷宫中的生活复杂化，而且面临更多的挑战。

但是不管怎样，这 4 个小家伙都以他们各自的方式不懈地追寻着他们想要的奶酪。终于有一天，在某个走廊尽头的奶酪 C 站，他们都找到了自己想要的奶酪。

这里真是一个天堂，4 个小家伙被眼前的情景惊呆了，各式各样的奶酪堆积如山，闪耀着诱人的光芒。4 个小家伙呆站了半晌，然后疯一般地冲进奶酪堆，开始狂欢。

从那以后，这 4 个小家伙每天早上穿上他们的跑步装备后，便毫不犹豫地直奔奶酪 C

站。不久，他们就确定了熟悉的路线，并形成了各自的生活习惯。

嗅嗅和匆匆每天仍旧起得很早，然后沿着相同的路线在迷宫中奔跑。

小老鼠们到达目的地后，脱下自己的跑鞋，有条不紊地将两只鞋系在一起、挂在脖子上，以便需要的时候能够很快穿上。然后，他们才开始尽情地享用奶酪。

在刚开始的一段时间里，哼哼和唧唧也是如此行事：每天早晨赶到奶酪C站，按部就班地把鞋子挂在脖子上，享用那里的美味佳肴。

然而，不久以后，小矮人们改变了他们的习惯。

哼哼和唧唧每天起得比小老鼠们晚一些，他俩懒洋洋地穿好运动服，然后漫步到奶酪C站。不管怎样，反正奶酪一直在那里。

他们从没想过，这些奶酪是从哪里来的，是谁把它们放在那里的。他们只是理所当然地认为，奶酪会一直在那里。

每天，哼哼和唧唧到达奶酪C站以后，就像回到了自己家，舒服地待在那里。他们脱下身上的运动衣，把它们挂起来，甩掉脚上的鞋子，换上拖鞋。拥

有这么多奶酪，实在太惬意了。

“真是太好了！”哼哼说，“这里有这么多奶酪，足够我们享用一辈子的了。”小矮人们心中充满了幸福和成就感，觉得从此可以高枕无忧了。

不久，哼哼和唧唧更是理所当然地认定，他们在奶酪C站发现的奶酪就是他们“自己的”奶酪。这里的奶酪库存如此丰富，于是他们决定把家搬到更靠近奶酪C站的地方，还在周围搞起了社交活动。

为了使这里更有家的感觉，哼哼和唧唧把墙壁装饰了一通，还在墙上写了一些感言，并且精心地画上了一些看起来非常可口的奶酪。他们看着这些图画和感言，会心地笑了。其中一幅图画的内容是：

拥有奶酪
就拥有幸福。

有时，他们会带朋友来参观奶酪C站里成堆的奶酪，并且自豪地指着这些奶酪说：“多么美味可口的奶酪呀，是不是？”他们偶尔还会与朋友们一起分享这些奶酪，其余时间则单独享用。

“我们应该拥有这些奶酪，”哼哼说，“为了找到它们，我们可是付出了长期而艰苦的努力，我们当然有资格拥有它们。”他一边说一边拿起一块美味的奶酪放进嘴里大嚼起来，脸上满是幸福的光彩。

然后，就像往常一样，哼哼享用完奶酪便睡着了，脸上露出了满足而惬意的笑容。

每天晚上，小矮人们在美美地饱餐了奶酪后，就摇摇摆摆地走回家，第二天早上他们又会信心十足地走进奶酪C站，去享用更多的奶酪。

这样的境况维持了相当长的一段时间。

渐渐地，哼哼和唧唧的自信开始膨胀。面对成功，他们变得妄自尊大。在这种安逸的生活中，他们却丝毫没有察觉到正在发生的变化。

随着时间的流逝，嗅嗅和匆匆日复一日地重复着他们的生活——每天早早地赶到奶酪C站，四处闻一闻、抓一抓，看看这里和前一天有什么不一样。等到确定没有任何异常后，他们才会坐下来细细品尝奶酪，好好享用一番。

一天早上，嗅嗅和匆匆到达奶酪C站后，发现这里已经没有奶酪了！

对此，他们并不感到惊讶。他们之前已经察觉到，最近好像有一些奇怪的事情正在奶酪C站里发生，因为这里的奶酪堆越来越小，也就是说，奶酪一天比一天少了。他们对这种不可避免的情况早有心理准备，而且凭直觉就知道该怎么办。

他们对望了一眼，毫不犹豫地取下挂在脖子上的跑鞋，穿在脚上并系好鞋带。

两只小老鼠对此并没有做什么全面细致的分析，事实上，他们也没有足够复杂的脑细胞可以支持他们进行复杂的思考。

对老鼠来说，问题和答案一样简单。奶酪C站的情况发生了变化，所以他们决定随之改变。

他们同时望向迷宫深处。嗅嗅扬起他的鼻子闻了闻，朝匆匆点点头，匆匆立刻拔腿跑向迷宫深处，嗅嗅则紧跟其后。

他们迅速开始行动，去别的地方寻找新奶酪，甚至连头都没有回一下。

同一天的晚些时候，哼哼和唧唧也像往常一样溜达到奶酪C站，一路上还哼着小曲儿。他们过去一直没有察觉到这里每天都在发生的细微变化，想当然地以为奶酪还在那里。

面对新的情况，他们毫无准备。

“怎么回事？竟然没有奶酪了！”哼哼大叫道，然后开始不停地大喊，“没有奶酪？怎么可能没有奶酪了？”好像他叫喊的声音足够大的话，就会有谁把奶酪送回来似的。

“谁动了我的奶酪？”他声嘶力竭地呐喊。

最后，他把手放在屁股上，小脸憋得通红，用他

最大的嗓门吼道："这不公平！"

唧唧则站在那里，一个劲儿地摇头，不敢相信这里已经发生的变化。对此，他同样没有任何心理准备，他本以为在这里照旧可以找到奶酪。他长时间地站在那里，久久不能动弹，完全被这个意外吓呆了。

哼哼还在疯狂地叫嚷着什么，但唧唧不想听，也

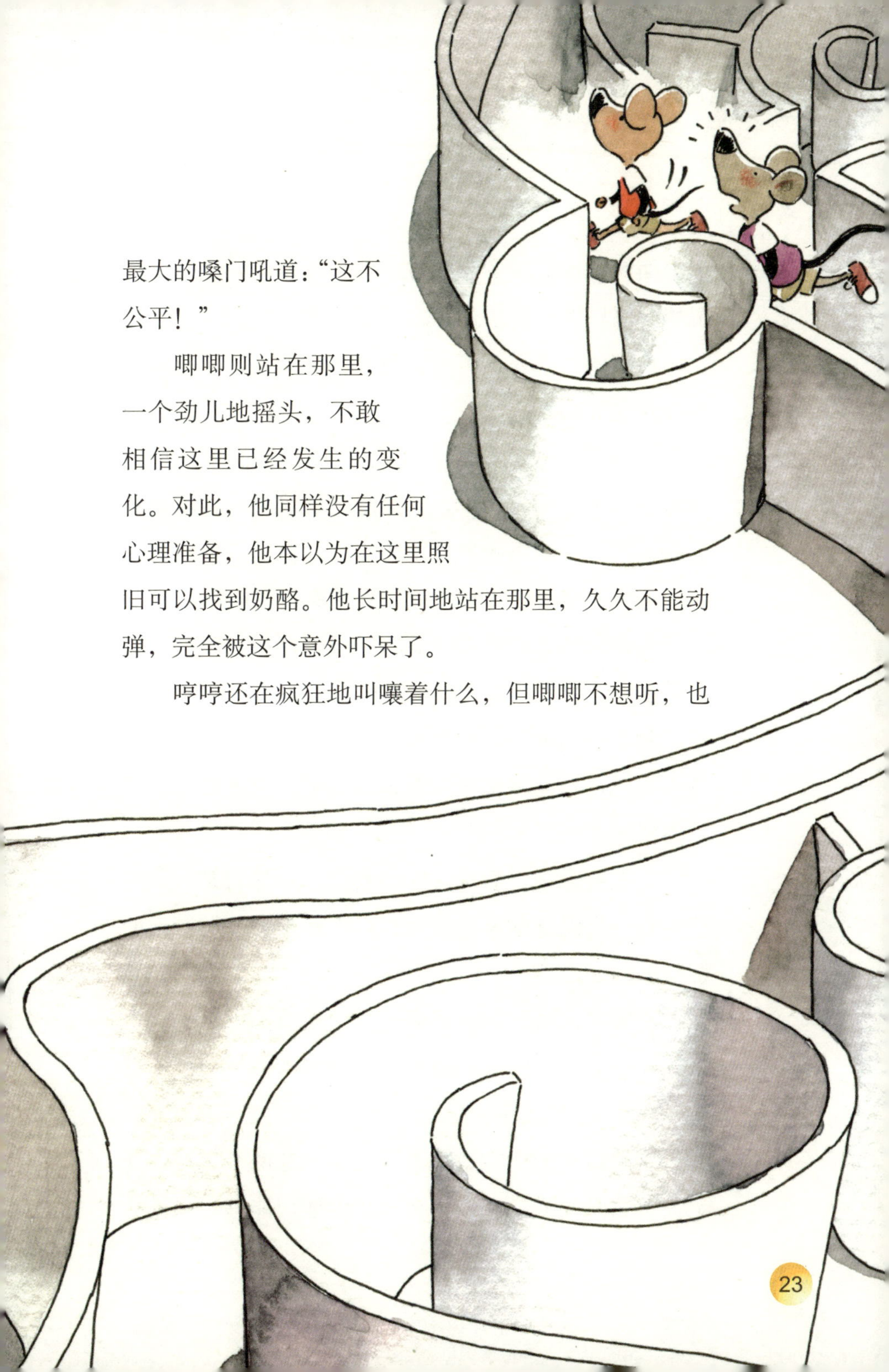

不想面对眼前的现实。他拼命地告诉自己，这是一个噩梦，他只想回避这一切。

他们的行为并不可取，而且于事无补，但我们还是可以理解。

要知道，找到奶酪并不是一件容易的事，更何况对这两个小矮人来说，奶酪绝不仅仅是一种填饱肚子的东西，它还意味着悠闲的生活，意味着他们的荣誉，意味着他们的社交关系以及更多重要的事情。

对他们来说，找到奶酪是获得幸福的唯一途径。根据不同的偏好，大家对奶酪的意义有各自的看法。

对有些人而言，奶酪代表的是物质享受；对另一些人来说，奶酪则意味着健康的生活，或者是安宁富足的精神世界。

对唧唧来说，奶酪意味着安定，意味着某一天能够拥有一个温馨的家，生活在名人社区的一幢舒适的别墅里。

对哼哼来说，拥有奶酪可以使他成为大人物，可以领导很多很多的人，而且可以在卡米伯特山顶上拥有一座华丽的宫殿。

奶酪对他们实在太重要了，所以这两个小矮人花了很长的时间来琢磨该怎么办。但他们能够想到的只是在奶酪C站里寻找，看看奶酪是否真的不在了。

当嗅嗅和匆匆已经迅速行动后，哼哼和唧唧还在那里不停地哼哼唧唧、犹豫不决。

他们情绪激动地大声抱怨着这个世界的不公平，用尽一切恶毒的语言诅咒那个搬走了他们的奶酪的黑心贼。然后唧唧开始变得消沉起来，没有了奶酪，明天将会怎样？

他对未来的计划可是完完全全建立在这些奶酪的基础上啊！

这两个小矮人就是不能接受现实。这一切怎么可能发生呢？没有任何人警告过他们，所以这是不对的，事情不应该是这个样子的，他们始终无法相信眼前的事实。

那天晚上，哼哼和唧唧饥肠辘辘，沮丧地回到家里。在离开奶酪C站之前，唧唧在墙上留下了一句话：

奶酪对你越重要，
你就越想抓住它。

第二天，辗转反侧了一宿的哼哼和唧唧早早地离开家来到奶酪C站。不管怎样，他们还抱着一线希望，自欺欺人地猜想是不是昨天走错了地方，他们仍然希望找回那些奶酪。奶酪C站的位置没有变化，然而奶酪的的确确不复存在了。两个小矮人顿时手足无措，不知道该怎么办。哼哼和唧唧站在那里，一动不动，就像两座毫无生气的雕像。

唧唧紧紧闭上眼睛，用手捂住自己的耳朵，他只想把一切都挡在外面。他不愿相信奶酪是逐渐变少的，而宁愿相信奶酪是一夜之间被全部拿走的。

哼哼则绞尽脑汁地分析了现在的情况。“这里究竟发生了什么？他们为什么要这样做？”他终究没能找到答案。

终于，唧唧睁开了眼睛，朝周围看了看说：“咦？嗅嗅和匆匆现在在哪里？他们会不会知道某些我们还不知道的事情？”

“那两个弱智，他们能知道些什么？”哼哼的语气中充满了不屑。

他继续说：“他们只是头脑简单的老鼠，只会对发生的事情做出简单的反应；我们是机灵聪明的小矮人，肯定比老鼠有头脑，我们应该能够推测出这里发生了什么。”

“我知道我们更聪明，”唧唧说，“但是，我们现在的行为好像并不怎么聪明。我们周围的情况已经发生了变化，哼哼，也许我们需要做出一些改变，去做点儿什么不同的事情。”

“我们为什么要改变？”哼哼问道，“我们是小矮人，我们是不一样的。这样的事情不应该发生在我们的身上，即便出现了这样的情况，我们至少也应该从中得到一些补偿。”

“为什么我们应该得到一些补偿呢？”唧唧问。

“因为我们有这样的权利。”哼哼宣称。

“有什么样的权利？”唧唧不明白。

“拥有我们的奶酪的权利。”

“为什么？”唧唧还是不明白。

“因为这个问题不是我们造成的，”哼哼说，“是某些别有用心的人制造了这个局面，而不是我们，所以我坚持认为我们应该从中得到些补偿。”

“也许我们应该停止这种无用的分析，”唧唧提议，“分析到此为止。在我们还没有被饿死之前，我们应该赶紧出发去找新奶酪。”

“噢，不行！”哼哼反对说，“我快要找到问题的根源了。要知道，我们曾经拥有那么多、那么好的奶酪啊！”

当哼哼和唧唧还在争执该怎么办的时候，嗅嗅和匆匆已经在有条不紊地做自己的事情了。他们进入了迷宫的更深处，走过一条又一条通道，在每一个他们经过的奶酪站里仔细寻找新奶酪。

除了倾尽全力地寻找新奶酪之外，他们没有考虑任何别的事情。

有好长一段时间，他们找得很辛苦却一无所获，直到他们走进迷宫中一个他们从未到过的地方：奶酪 N 站。

他们高兴得尖叫起来！他们终于发现了自己一直在寻找的东西——大量新鲜的奶酪。

他们简直不敢相信自己的眼睛，这是他们见过的最大的奶酪仓库。

与此同时，哼哼和唧唧仍然待在奶酪C站，反复琢磨他们目前的处境。他们忍受着失去奶酪的痛苦，挫折感、饥饿感和由此而来的愤怒紧紧围绕着他们、折磨着他们，他们甚至为陷入眼前的困境而相互指责。

唧唧仍然会时时想起他的老鼠朋友，猜想他们是否已经找到奶酪，他认为他们很可能并不顺利。在迷宫中穿行，总会遇到许多难以预料的事情，但他也知道，万事开头难。

有时，唧唧会想象嗅嗅和匆匆已经找到奶酪并畅快享用的情景。他忽然有一种冲动，想到迷宫中冒险，去寻找新奶酪。在迷宫中探险，然后找到新奶酪并尽情享用，这一切是多么美好啊！想到这儿，他仿佛尝到了新鲜奶酪的美味。

寻找并享用新的奶酪，这样的情景在唧唧的头脑中越来越清晰，他觉得自己越来越想离开奶酪C站，去寻找新奶酪。

突然，他大声宣布：“我们走吧！”

“不！”哼哼很快做出了回应，“我喜欢这里。我只熟悉这里，这里很好、很舒服。再说，离开这里到外面去是很危险的。”

“不会的。”唧唧说，“以前我们也探索过迷宫中的许多地方，

我们还可以去其他地方找找看。”

“我觉得自己已经老了，不能再做这种跑来跑去到处冒险的事了。”哼哼说，“而且，我也不愿意像个傻瓜似的四处碰壁。你觉得呢？”

听哼哼这么一说，对失败的恐惧又袭上了唧唧的心头，他的那点儿寻找新奶酪的想法和勇气也逐渐消退了。

就这样，这两个小矮人继续维持现状。

他们每天都去奶酪C站，发现还是没有奶酪，然后怀着忧虑和挫败的心情回到家。

他们试图否认眼前发生的一切，于是两人都开始

失眠，力气一天比一天小，越来越烦躁易怒。

他们的家也不再是美好舒适的地方，他们睡不上一个安稳觉，而且每晚都做找不到奶酪的噩梦。

但他们仍然每天都去奶酪 C 站，在那里被动等待。

哼哼说："我们再好好找找吧，也许事情并没有那么糟糕。奶酪没准儿就在附近，有可能被人藏到墙后面去了。"

第二天，哼哼和唧唧带着工具回到奶酪 C 站。哼哼拿着凿子，唧唧举着锤子，他们费了九牛二虎之力，终于在墙上凿出了一个洞，可朝里面看了半天，却依旧没有发现奶酪的踪迹。

尽管他们非常失望，但他们仍然相信问题会得到解决。于是他们起得更早，工作时间更长，工作得更努力。但一段时间以后，他们得到的只是一个个更大的空洞。

唧唧感到他们的劳动是徒劳无功的。

哼哼说：“也许我们只要坐在这里等就行了，迟早有人会把奶酪再送回来的。”

唧唧希望他说的是真的，于是他每天勉强陪着哼哼去奶酪C站查看情况。但是，奶酪始终没有出现。

由于焦虑和饥饿，这两个小矮人越来越虚弱。唧唧已经开始厌倦等待，他不愿意被动地等着状况自发好转。他开始明白，他们在奶酪C站等待的时间越长，情况就会变得越糟糕。

唧唧知道，他们正在失去自己的优势。

终于有一天，唧唧开始嘲笑自己：“唧唧呀唧唧，看看你自己吧！你居然每天重复犯同样的错误，还总是不明白为什么情况一直没有得到改善，还有什么比你这种做法更可笑的吗？这如果不是荒唐，那就是滑稽！”

唧唧不想再到迷宫中奔波，他知道自己可能会迷路，而且他也不知道应该到哪儿去寻找新奶酪。但当他明白正是他的恐惧感使他裹足不前、坐以待毙的时候，他开始嘲笑自己的愚蠢。

他问哼哼："我们的运动服和跑鞋放到哪里去了？"他花了很长时间才找出了那些运动装备。当初，他们在奶酪C站找到奶酪以后就把跑鞋什么的都扔到一边去了，以为再也不需要它们了。

当哼哼看到他的朋友穿上运动服时，他说："你不是真的要到迷宫中去吧？你为什么不留下来，和我一起等，等着他们把奶酪送回来？"

"这样等下去是没用的。"唧唧大声说，"不会有人把奶酪送回来的，现在已经到了去寻找新奶酪的时候，不要再想那些早已不存在的奶酪了！"

哼哼争辩说："如果外面也没有奶酪怎么办？即使有奶酪，可你找不到，又怎么办？"

"我不知道。"唧唧不耐烦地说。同样的问题，他已经问过自己很多遍了，他又产生那种使他停滞不前的恐惧感。

转念一想，如果真的找到了新奶酪呢？那种享受新奶酪的喜悦再度让他鼓起了勇气。

他最后问自己："你希望到哪里去找奶酪，是留在这里还是去迷宫中其他的地方？"

于是，他的脑海中出现了一幅画面，他看见自己面带微笑，在迷宫中探险。

这样的情景让他有些惊讶，他发现自己终于克服了再次进入迷宫的恐惧。他看见自己在迷宫中迷了路，但仍然满怀信心地寻找新奶酪，一切美好的事物也随之而来。他又重新找回了自己的勇气。

于是，他尽量发挥自己的想象力，在脑海中为自己描绘了一幅最具说服力的、最具现实感的画面——他在寻找和品尝新奶酪。

他仿佛看见自己坐到了一大堆奶酪的中央，正在尽情品尝各种奶酪，有蜂窝状的瑞士奶酪、鲜黄的英国切达干酪、美国奶酪和意大利干酪，还有柔软的法国卡米伯特奶酪，应有尽有。

唧唧想得入了神，直到他听到哼哼在一边嘟囔着什么，他才意识到自己仍然站在奶酪C站里。

唧唧转过身来对哼哼说：“哼哼，有时事情发生了改变就再也回不去了。我们现在遇到的情况就是这样，这就是生活！生活在变化，我们也要随之改变，而不是停在原地踯躅不前。”

唧唧看着他那因饥饿和沮丧而显得有些憔悴的朋友，试图给他讲一些道理。但是，哼哼的恐惧早已变

成了气恼，他什么也听不进去。

唧唧并不想冒犯他的朋友，但他还是忍不住要嘲笑这段时间的他们，真是又狼狈又愚蠢。

唧唧准备出发了，他觉得自己充满了活力。他挺起胸膛，振作精神宣布："我们出发吧！"

唧唧大笑着说道："这是一个迷宫的时代！"

哼哼笑不出来，他几乎没有任何反应。

唧唧拾起一块锋利的小石头，在墙上写下了一句激励的话，留给哼哼去思考。他没有忘记自己的习惯，在这句话的周围画上奶酪的图案。唧唧希望这幅画能给哼哼带来一线希望和些许启发，能够促使哼哼动身去寻找新奶酪。但是，哼哼根本不想朝墙上看一眼。

墙上的话是：

如果你不改变，
你就会被淘汰。

之后，唧唧伸出脑袋，小心翼翼地朝迷宫中望了望，回想着找到奶酪C站以前走过的路线。

也许迷宫中再也没有奶酪了，也许永远都找不到奶酪了。这种悲观的情绪曾经那么深地根植于他的心底，以至于差点儿就毁了他。

想到这里，唧唧会心地微笑起来。他知道，哼哼现在一定还在原地懊恼：“究竟是谁动了我的奶酪？”唧唧此刻想的却是：“我为什么没有早点儿行动起来？”

唧唧终于走出奶酪C站，进入黑暗的迷宫。他忍不住回头看了看这个曾经伴随他和哼哼很长一段时间的地方。那一瞬间他几乎无法控制自己，又想走回那个熟悉的地方，又想躲进那个没有奶酪却很安全的地方。

唧唧有些担心，他拿不准自己是否真的想要走到迷宫中去。思考了片刻，他又拿起石块在面前的墙上写下一句话，然后盯着它看了许久：

如果无所畏惧，
你会怎样做呢？

他对着这句话冥思苦想。

他知道，有时有所畏惧是有好处的。当你因害怕不做某些事情并且使事情变得越来越糟糕时，恐惧反而会促使你采取行动。但是，如果你因为过分害怕而不敢采取任何行动时，恐惧就会变成你前进道路上最大的障碍。

他朝迷宫的右侧望了望，心中不免生出恐惧，因为他从未到过那里。

然后，他深吸了一口气，朝迷宫的右侧缓步跑去，跑向那片未知的区域。

在探路的时候，唧唧有些担心。他在奶酪 C 站停留了那么久，很长时间都没有吃到奶酪了，他的身体变得虚弱。现在，他在迷宫中穿行要比以前更吃力，花的时间也更长了。他打定主意，一旦有机会，他一定要尽早走出舒适的环境去适应环境的变化。他认为，立刻采取措施会使事情变得更容易。

想到这里，唧唧无力地微笑了一下，感叹道："迟做总比不做好。"

接下来的几天，唧唧偶尔能够找到一点儿奶酪，但都不够吃。他曾经希望能够找到足够多的奶酪，带回去给哼哼，鼓励他离开奶酪 C 站，走进迷宫。

但是，唧唧还是信心不足。他不得不承认，在迷宫中他感到十分困惑，里面很多地方跟以前完全不一样了。

他边想边走。他觉得自己已经走了很远，好像就要迷失在迂回曲折的通道中了，就好像是走两步退一步。对他来说，这真是一种挑战。不过他还是要承认，回到迷宫中寻找奶酪其实并不像他想象的那样可怕。

随着时间的流逝，他开始有些怀疑找到新奶酪的希望能否变成现实。他甚至产生了嘴里的奶酪太多而嚼不过来的幻觉，当意识到自己实际上根本没有东西可嚼时，他不禁哑然失笑。

每当他开始感到泄气的时候，他就提醒自己正在做什么。尽管现在很难受，但这样总比待在没有奶酪的地方实际。他正在努力，而不是束手无策、听天由命。

他还提醒自己，如果嗅嗅和匆匆能够不断前行，那么他也能做到！

后来，唧唧回想起过去的事情，终于明白了奶酪C站的奶酪并不像他曾经以为的那样——是一夜之间突然消失的。实际上，奶酪的数量是逐渐变少，直至完全消失的，而且剩下的那点儿奶酪也已经变质，毫无美味可言。

那些陈旧的奶酪上或许已经生出霉菌，只是他没有注意到罢了。他承认，只要他留心，就应该能够看到这些变化，可惜他当初没有留意。

唧唧还认识到，如果他能够察觉且预见这些变化，这些变化就不会让他感到吃惊了。也许嗅嗅和匆匆就是这样做的。

唧唧打定主意，从现在起他要时刻保持警惕。他要期待着发生变化，而且还要追寻变化的脚步。他应该相信自己的直觉，能够意识到何时发生变化，并且做好准备适应这些变化。

他停下来休息了一会儿，在迷宫的墙上写道：

经常闻一闻你的奶酪，
你就会知道
它是什么时候开始变质的。

唧唧已经有很长一段日子没有找到奶酪了。这天，他遇到了一个很大的奶酪站，他以为里面装满了奶酪，当他走进去以后，却发现里面空空如也，这让他失望至极。

“这种空空的感觉，我都快习以为常了。”他叹息道。他觉得自己快要放弃了。

唧唧的体力正在慢慢地消耗，他知道自己迷路了，此刻他有些担心自己能否活下去。他想转身回到奶酪 C 站去，至少哼哼还在那里，他就不会孤单一人了。这时，他又问了自己一个同样的问题：“如果无所畏惧，我会怎样做呢？”

唧唧觉得自己正在克服和超越自己的恐惧，但他又经常感到害怕，甚至无法面对自己。他常常难以确定自己到底在害怕什么，但是，在目前这样虚弱的状况下，他知道他只是害怕一个人独自前行。唧唧只是在跟着感觉前行，这些恐惧的念头一直沉甸甸地压在他心头。

唧唧想知道哼哼是否已经离开了奶酪C站去寻找新奶酪，还是仍然被自己的恐惧所阻挠，裹足不前。这时，唧唧想起他在迷宫中度过的那些最美好的时光，其实正是他一个人穿行在迷宫中找寻奶酪的这些日子。

他又在墙上写下了一句话，以便提醒自己。同时，这句话也是留给哼哼的提示，他希望哼哼能够跟上来：

朝新的方向前进，
你会发现新的奶酪。

唧唧朝黑暗深邃的通道望去，又一阵恐惧袭来。前面有些什么？是不是什么都没有？或者更糟，里面潜藏着危险？他开始想象各种可能降临到自己头上的可怕的事情。他越想越怕，快把自己吓死了。

之后，他又觉得自己真是可笑。他意识到，恐惧只会使事情变得更糟糕。于是，他采取了当他无所畏惧时会采取的行动——朝一个新的方向跑去。

跑向这条黑暗的通道时，唧唧笑了起来。他还没有想明白原因，但他觉得自己的灵魂得到了升华。他正在放开自己，对前景充满了信心，尽管他并不能确定前面究竟有些什么。

很意外地，他开始对自己越来越满意。“为什么我的感觉这么好？”他不明白，“我还没有找到奶酪，而且也不知道要到哪里去。”

不久，他就明白自己为什么感觉这么好了。

他停下脚步，在墙上写道：

当你克服了自己的恐惧，
你就会感到轻松自在。

唧唧认识到，自己原来是被恐惧感控制了。朝着一个新的方向前进，让他获得了自由。

这时，迷宫里凉风习习，让他感到神清气爽。他深吸了一口气，振作了起来。一旦克服了恐惧，一切都比他原来想象的好得多。

唧唧已经很久没有这种感觉了，他几乎就要忘记这种感觉是多么惬意了。

为了使计划更顺利地进行，他又开始在大脑中描绘一幅画面：他身处一个很棒的环境中，坐在一大堆他喜欢的奶酪中间，有切达奶酪，还有布里奶酪！他仿佛看见自己正在大口吃美味的奶酪。这样的画面使他获得了一种享受，他沉浸在美好的想象中。

这种享受新奶酪的画面越清晰，他就越相信这一切会变成现实。现在，他有一种感觉——他快要找到奶酪了。

他又在墙上写道：

在发现奶酪之前，
想象你正在享用奶酪，
这会帮你找到新的奶酪。

唧唧一直在想的是他将得到什么，而不是考虑他会失去什么。

他不明白，为什么自己过去总是觉得变化会使事情变得更糟。现在他认识到，变化会使事情变得更好。

“为什么以前我不明白这一点呢？”他反问自己。

于是，他以更大的勇气和力量快速灵活地穿行在迷宫中。不久，他就发现了一个奶酪站。当他在奶酪站的入口处发现了一些新鲜奶酪的碎块时，他不禁兴奋起来。

这是一些他从未见过的奶酪，但看起来挺不错的。他尝了尝，真是美味啊！他吃掉了大部分能找到的小块奶酪，然后把剩下的放进口袋，想着以后也许可以和哼哼分享。他的体力也开始慢慢恢复。

他怀着兴奋的心情走进去。但是，让他感到惊讶的是，这个奶酪站竟然是空的。已经有人到过这里，而且只留下了一些零星的小块奶酪。

他意识到，如果能早点儿行动，他可能早已在这里发现大量的新奶酪了。

唧唧决定回去，看看哼哼是否愿意和他一起行动。

在返回去的路上，他停下来，在墙上写道：

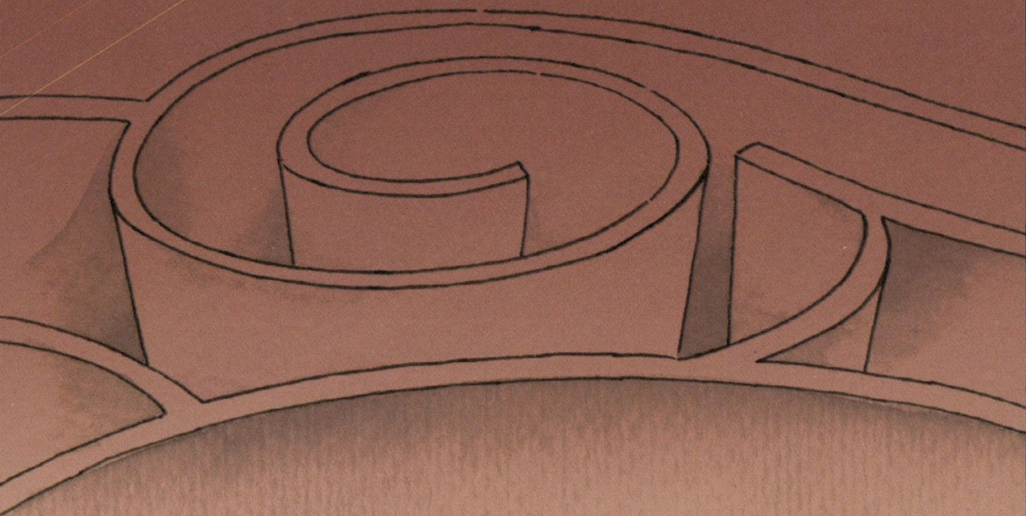

越早放弃旧的奶酪，
你就会越早发现新的奶酪。

不久，唧唧回到奶酪 C 站，找到了哼哼。他想给哼哼一些新的小块奶酪，但被拒绝了。

哼哼很感激朋友的心意，但是他说："我不喜欢新奶酪，这不是我习惯吃的那一种，我只要原来的那些奶酪。除非可以得到我想要的奶酪，否则我是不会改变主意的。"

唧唧失望地摇了摇头，又独自踏上了旅程。当走到他到过的迷宫最深处时，他怀念起他的朋友来。但他明白，他喜欢探险。虽然以前他希望得到充足的新奶酪，但现在他很清楚，使自己快乐的并不仅仅是奶酪本身。

他不再被恐惧感所控制，他喜欢自己正在做的事情。

明白了这一点，唧唧不再感到虚弱。他知道，他不会再让恐惧感阻碍自己。他选择了一个新的方向，他的身心得到了滋养，体力也加强了。

现在，他知道找到自己想要的东西只是时间问题。事实上，他已经找到自己一直在寻找的东西。

当认识到这一点的时候，他不禁微笑起来，并且在墙上写道：

在迷宫中搜寻比停留在没有
奶酪的地方更安全。

唧唧还认识到：你所害怕的东西根本不像你想的那样糟糕，在你心里形成的恐惧实际上比你的实际处境更坏。他曾经害怕找不到新奶酪，甚至怕到根本不想去寻找的程度。然而，一旦踏上寻找的旅程，他就发现迷宫中有足够的奶酪可以使他继续找下去。现在，他期待着找到更多的奶酪。只要朝前看，他就会因为有所期待而兴奋起来。

他过去的想法被恐惧和忧虑蒙蔽了。过去他总是担心没有奶酪，或者没有足够多的奶酪；过去他总是担心会把事情做错，而不是考虑如何把事情做好。

在他离开奶酪C站的日子里，一切都改变了。

过去他总是认为，奶酪绝不会被别人拿走，改变总是不对的。

现在他知道，变化会不断地发生，这是很自然的事情，不管你是否希望如此。只有当你不期待变化也不想追寻变化的时候，变化才会让你感到吃惊。

当唧唧认识到自己的信念发生了改变时，他停下来，在墙上写道：

陈旧的信念不会帮助你
找到新的奶酪。

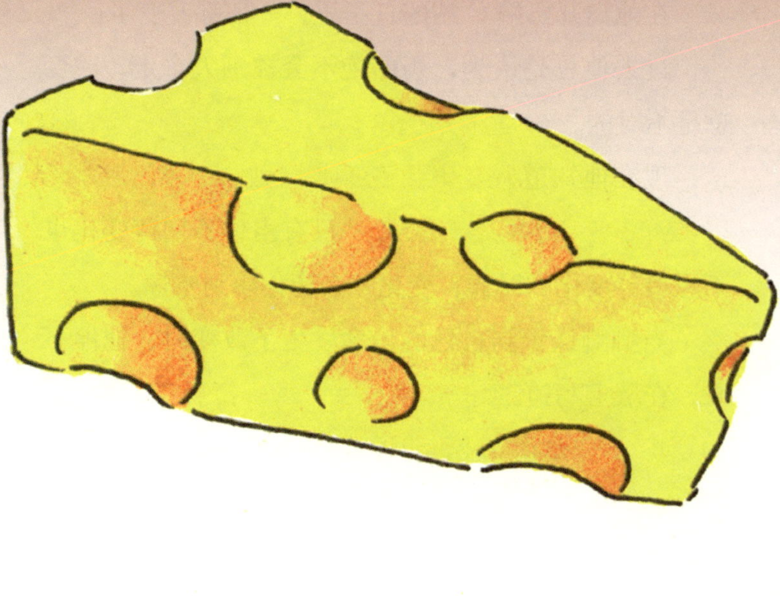

唧唧还没有找到奶酪，但在迷宫中穿行的时候，唧唧在想自己到底学到了什么。

他意识到，新的信念鼓舞着他采取新的行动。他的行为已不同以往，他再也不会回到同一个没有奶酪的地方了。

他知道，**改变了自己的信念，也就改变了自己的行为。**

你可以相信变化对你有害，然后拒绝它；你也可以相信寻找新奶酪对你有益，然后拥抱这种变化。

一切都取决于你选择相信什么。

他在墙上写道：

当你发现你能够找到
并享用新的奶酪时，你就会
改变自己的行为。

唧唧知道，如果他能够早些离开奶酪C站，早点儿应对这些变化，他现在的状况可能更好。他的身体会更强壮，内心也会更坚强、更好地去迎接挑战——寻找新奶酪的挑战。事实上，如果他不浪费那么多时间否认已经发生的变化，如果他能够期待改变，也许他已经找到新奶酪了。

他再一次运用自己的想象力，想象自己不断发现和品尝新奶酪。他决定到更多的地方去，那些他还没有去过的地方。在这些地方，他偶尔会找到一些小块的奶酪。唧唧又恢复了体力和信心。

当他回顾这些经历时，他很高兴自己在很多地方的墙上都留下了感言。他相信，如果哼哼决定离开奶酪C站的话，这就是留给哼哼的路标，能帮助哼哼在迷宫中找到新奶酪。

唧唧只是希望自己正朝着正确的方向前进。他还想到了这种可能性：哼哼会看到墙上的字迹，并且循着它找到出路。

于是，他又把这段时间以来的心得写在了墙上：

尽早注意细小的变化，
有助于你适应即将
发生的更大的变化。

此时此刻，唧唧早已把过去抛在脑后，全力适应现状。

他以更充沛的体力和更快的速度在迷宫中奔跑。不久，期待已久的事情终于发生了。

当他一直在迷宫中前行，而且好像会永远在迷宫中前行的时候，他的旅程（至少是现阶段的旅程）也即将愉快地结束。

有一天，唧唧正沿着一条通道前进。这是一条他从未到过的通道。拐过一个弯，在他的面前出现了奶酪 N 站，这里堆满了新鲜的奶酪！

走进奶酪 N 站，唧唧被眼前的景象惊呆了——到处都是堆积如山的奶酪，他从未见过存货如此多的奶酪站。他甚至认不全这些奶酪，有些品种是全新的。

眼前的景象太壮观了，他犹豫了一会儿，不能肯定这一切是否真实，或许这只是他的幻觉。直到他看见了他的老朋友——嗅嗅和匆匆，他才相信这一切是真的。

嗅嗅冲唧唧点了点头，表示欢迎，匆匆则朝他挥了挥爪子。他们那圆鼓鼓的小肚子表明，他们在这里已经有一段时间了。

唧唧很快和他们打了招呼，然后赶紧把他喜欢的奶酪都咬了一口。他脱掉鞋子，把两只鞋系在一起，然后挂在脖子上，以便需要的时候能够迅速穿上。嗅嗅和匆匆会心地笑了，并且赞许地点了点头，此时唧唧已经一头扎进奶酪堆中。饱餐一顿之后，唧唧高兴地举起一块新鲜的奶酪欢呼："变化万岁！"

唧唧在享受新奶酪的同时，也在反思自己学到了什么。

他认识到，当他害怕变化的时候，他便一直受困于对那已不复存在的旧奶酪的幻想而无法自拔。

那又是什么使他发生了改变呢？难道是对饿死的恐惧？想到这里，唧唧笑了。他明白，这种恐惧当然起过很大的作用。

唧唧忽然发现，他已经学会自嘲。当一个人学会自嘲，能够嘲笑自己的愚蠢以及所做的错事时，他就开始改变了。他甚至觉得，改变自己的最快捷的方式就是坦然嘲笑自己的愚蠢，这样你就能对过往释然，然后迅速行动起来，直面变化。

唧唧相信，他从他的老鼠朋友嗅嗅和匆匆那里学到了一些有用的东西——不畏惧改变、勇往直前。老鼠朋友一直简单地对待生活，他们不会反复分析，也

不会把事情搞得很复杂。当环境发生改变、奶酪不见了的时候，他们会迅速随之改变，循着奶酪移动的方向移动。唧唧告诉自己，要牢记这些经验教训。

唧唧相信，拥有了这些体会之后，凭借自己聪慧的头脑，无论遇到什么变化，他一定能做得比老鼠朋友们还好。

他的头脑里出现了清晰的画面：他的生活将变得更美好，而且他还会在迷宫中发现一些更美味的奶酪。

唧唧不断地反思自己过去犯下的错误，他要汲取这些经验教训，规划自己的未来。他知道，自己完全可以通过总结和学习来应对变化：

> 首先，要清醒地认识到，有时需要简单地看待问题，并且灵敏快速地行动。不必把事情过度复杂化，或者一味地被那些恐惧的念头搞得心慌意乱。
>
> 其次，要善于发现那些细微的变化，以便为即将来临的更大的变化做好准备。

他知道，他需要做出更快的调整。如果不能及时调整自己，就可能永远找不到属于自己的奶酪。

还有一点必须承认，那就是阻止你改变的最大制约因素就是你自己。只有改变自己的观念，事情才会出现转机。

最重要的是，新奶酪始终存在于某个地方，不管你是否意识到了它的存在。只有当你克服了自己的恐惧，并且勇敢地走出早已习惯的生活，去享受冒险带来的喜悦时，你才会得到新奶酪带给你的回报和奖赏。

唧唧还认识到，有些畏惧是需要认真对待的，它会帮助你避开真正的危险。但是，绝大部分恐惧都是不明智的，它们只会在你需要改变的时候让你选择逃避。

唧唧曾经那样惧怕改变，他真的希望生活能够延续原有的样子，但现在他意识到，生活并不会遵从某个人的意愿发展。变化随时可能发生，积极地面对变化会让你发现更好的奶酪。真的是“塞翁失马，焉知非福”啊。

唧唧已经看到变化更好的一面。

当他回想起自己所学到的东西时，他不由得想起了他的朋友哼哼。他不知道哼哼是否读到了他在奶酪 C 站和迷宫各个角落墙上的留言，也不知道哼哼是否已经走出奶酪 C 站。

哼哼是否已经决定放下过去并开始行动？他是否已经重新回到迷宫中，并且发现了新奶酪？

也许，他还是不肯改变，待在那里停滞不前？

唧唧想回到奶酪 C 站去，看能否找到哼哼，但他首先得肯定自己能找到回来的路。如果找到了哼哼，他会把自己学到的东西告诉他，帮助他摆脱困境。不过，唧唧又想起了自己曾经试图改变哼哼的失败经历。

唧唧开始明白，哼哼必须主动地发现适合自己的道路，从而摆脱安逸、克服恐惧。没有人可以代替他做到这一点，或者告诉他应该怎样做。他必须自己勇敢地迈出第一步，否则他永远不会看到改变带来的好处。

唧唧知道自己已经给哼哼留下了足够多的标记，只要他能够迈出第一步。看到墙上的留言，他就会找到出路。

于是，唧唧打消了回到奶酪 C 站的念头。他站起来走到奶酪 N 站最大的一面墙前，把他一路上悟出的心得体会的要点写了下来。他拿起一块很大的奶酪，这是他见过的奶酪中最大的一块。唧唧品尝着新鲜的奶酪，望着自己写下的体会，脸上露出了微笑。

奶酪墙上的话

变化总在发生
他们总是不断地拿走你的奶酪。

预见变化
随时做好奶酪被拿走的准备。

追踪变化
经常闻一闻你的奶酪，你就会知道它是什么时候开始变质的。

尽快适应变化
越早放弃旧的奶酪，你就会越早发现新的奶酪。

改变
随着奶酪的变化而变化。

享受变化
尝试冒险，去享受新奶酪的美味！

做好迅速变化的准备不断地享受变化
记住：他们仍会不断地拿走你的奶酪。

唧唧在想，自从他在奶酪C站和哼哼分道扬镳后，他们已经很久没见面了。他知道自己前进了一大步，但他也很清楚，如果过分沉溺于奶酪N站的安逸生活，他就会很快跌落到原来的困境之中。所以，他每天都会仔细检查奶酪N站的情况。他在做一切力所能及的事情，尽量避免被意料之外的变化打个措手不及。

当他还有大量的奶酪储备时，他就经常到外面的迷宫中去探索新的领地，以便使自己跟得上周围

随时发生的变化。现在的他非常清楚，随时了解外界的信息要比待在舒适的环境中把自己孤立起来安全得多。

“咦？”好像有什么声音。唧唧竖起耳朵听了听，像是从迷宫里传来的脚步声。声音渐渐大起来，他知道有人正向这边跑来。

是哼哼来了吗？他会在那个拐弯处出现吗？

唧唧暗暗祈祷，他真的希望是哼哼——像他以前曾多次希望的那样。也许，他的朋友终于能够……

随着奶酪的变化而变化，
并享受变化！

结局……

或者是新的开始？

第4章

午餐后的讨论

午餐后的讨论

上课铃声响起的时候，克里斯讲完了这个故事，正好午餐也吃完了。

“等一下，”梅拉妮说，“我不知道自己是否完全听懂了这个故事。咱们今天再聚一次吧，在沙基餐厅怎么样？”

“我可是听懂了。”乔希边说边把餐巾纸揉成团，投向垃圾筐。

“我倒觉得这个故事挺酷的。”凯丽插话道。除了卡尔以外，其他人都表示赞同。

“我觉得不怎么样！”卡尔告诉凯丽，“今天晚上有一个电视节目，我得看。”

“又是你和你的电视！”凯丽打趣他，“那么其他人，咱们晚上见吧。”话音未落，大家纷纷离开食堂，奔向各自的教室上课去了。

当天晚上，克里斯第一个到了沙基餐厅。沙基餐厅是市区的一家比萨餐厅。克里斯选了一处空间又大又比较舒适的角落，足够容纳下他们所有人。

人到齐之后，大家开始选择自己想吃的比萨饼，这个时候往往会有一阵混乱。当大家把五花八门的选择告诉服务生时，安娜说：“请一定保证比萨上的奶酪是新鲜奶酪，谢谢。”在座的所有人都会意地笑起来。服务生疑惑地摇着头走开了。

“我一下午都在想这个故事，”梅拉妮说，“你们认为自己是他们当中的哪一个呢？匆匆、嗅嗅，还是哼哼、唧唧？”

“一定要选择一个吗？”彼得问，“有时我觉得自己像匆匆，有时又像哼哼，我也说不好。”

“没错，我们可能在不同的时间扮演着不同的角色。”安娜边说边看着克里斯，征询他的意见。

“别看着我，”克里斯说，“你们从故事里得到什么启示，完全要靠你们自己。”

“我想，奶酪可以是你想要的任何东西，”凯丽

没有选上班长，我要好好检讨自己。
我要克服自卑……
原来我有踢足球的天赋！
加入乐队，演奏吉他。
我要走出失去父亲的阴影！
大学申请。
我得向父母道歉！
离开卢克！

说，“或者是你认为自己应该得到的东西。迷宫就是你寻找奶酪的地方，比如学校或者家庭。”

“噢，我知道了，奶酪、迷宫、小矮人、小老鼠。但是究竟应该怎样运用这个故事呢？谁能举个例子？”彼得说。

大家都默不作声。克里斯说：“我来说吧。你们都知道我以前在初中是打篮球的，虽然没有取得什么辉煌战绩，但打得还是很不错的。所以，上高中以后，我仍想在篮球队打球。然而糟糕的是，我总是没办法对付别人的拼抢，那些从我手上断球的人个子大都比我高。于是我开始注意到一些变化，好像一夜之间，我的朋友们（包括乔希你）都长高了，开始刮胡子了，饭量也大了，可我身上没有发生这样的变化，居然还穿着初中时穿的牛仔裤。”

“我身边的事情都在发生变化，我简直痛恨正在发生的一切，所以那时我表现得像哼哼，总觉得一切都不公平。”克里斯望着彼得和乔希，承认说，“你们开始和女孩子约会，出去跳舞，我却只能一个人待在家里。”

“后来呢？”梅拉妮问道。

“啊，就在那段时间，我听到了奶酪的故事。从那以后，我看待问题的角度开始发生变化。”

他瞥了一眼凯丽（凯丽是校女子篮球队的高个儿明星），说：“我肯定不可能被NBA（美国职业篮球联赛）选中了。”大家都笑起来，“所以，我决定像唧唧那样，学会自嘲。我不再自以为是了。现在想起来很可笑，可是当初我浪费了多少时间去发愁我会长不高啊。我猜我可能看到了唧唧在墙上写的那些话。我不可能回到旧的奶酪站了——我初中时的梦想是当篮球明星。”

“然后你怎么办了？”梅拉妮又问道。

“然后，我开始出发去寻找新的奶酪。现在的我是足球队的一名新球员了——其实我以前真的不知道自己还很擅长踢足球。我真希望自己早点儿听到这个故事。”

彼得面露疑色：“等一下，你是说你从这个小故事里得到了这些启示？”

“不是故事本身，”克里斯说，“而是我怎样理解这个故事。听过这个故事以后，我看问题的角度就不同了，这一点你明白吗？”

“你的奶酪被挪动了。”梅拉妮说，“当你听到这个故事的时候，发现自己正在像哼哼一样，所以你振作起来，开始改变。”

克里斯点了点头，其他几个人也在点头。乔希陷入了深思。“这个故事让我想起我父亲去世的时候。”他说道。每个人都很吃惊，乔希几乎从来没有提过他的父亲。“我不是嗅嗅，因为我没有嗅出发生的变化，我从来没有看到变化的来临。”

乔希安静了一会儿，接着说：“我也不是匆匆，因为我不知道下一步该怎样做。我是哼哼——我现在依旧是哼哼，我觉得。”乔希喝了一口苏打水，垂下了眼帘，“我总是在等着奶酪自动回来，盼望事情自然出现转机。”

凯丽搂住朋友的肩膀，安慰说：“现在改变也不晚。”

“就是……”梅拉妮说，“像唧唧也不代表你一定要去找一个新爸爸呀。”

“也许只需要你丢掉旧奶酪，”安娜指出，“那么你的家庭还可以像你父亲活着的时候一样，然后你们应该去寻找新奶酪。”

乔希问道：“你所说的‘新奶酪’是什么意思？”

梅拉妮的父母离婚了，她插话说：“我觉得‘新奶酪’就是你看待你的状况的新角度和不同以往的做事方法。比如，是对失去父亲这件事真正释怀，还是为无法改变的事实一直伤心下去。”

“对呀，”凯丽接着说，“你父亲的离开不是你的责任，但是你得为你未来的生活负责。也许现在就是你静下心来思考的时候了。”

安娜用胳膊肘在桌子下面轻轻碰了碰乔希，说：“随着奶酪的改变而改变吧！”

每个人都发现乔希的脸上露出了笑意。“我可能花了太多的时间想我爸爸为什么会离开我们，他要是还在我身边该多好，而且我从来没有想过自己应该怎样继续生活下去。是的，我确实不该让家庭的变故影响了我的未来。”乔希若有所思地说。

克里斯看出来乔希需要时间思考，于是转变了话题：“我们足球队里有些人知道这个故事。当然，也有人觉得这故事很可笑，不愿意费心思琢磨其中的含义。但是，我们队里那些很棒的球员都认为，这个故事帮助他们消除了影响比赛的不良心理。这个故事还让我们想出了一种暗语，如果有人在比赛中表现失常，我们就会说：‘别当哼哼！向前冲！’”

“我喜欢！”凯丽说，“我们也可以在女队里使用这种暗语。你们知道吗，这个故事给我留下最深刻印象的是那个问题：‘如果无所畏惧，你会怎样做呢？’”

彼得声明道：“我现在要登场了，和我那了不起的乐队。”说着，他随手做了几个弹吉他的动作。

“如果我不害怕改变，”梅拉妮说，“我会叫卢克走开。”她迷恋那个家伙整整一年了。

然后梅拉妮转向安娜，说道：“你会怎么样？”

安娜思考了几秒，终于承认道：“我可能会走进迷宫，去完成我的大学申请。”

“你还没有开始申请吗？”梅拉妮一脸吃惊的表情。

安娜耸耸肩说：“还没有。我一直不敢想毕业以后的事情，我不清楚自己要做什么。而且，我也害怕离开你们，你们是我最好的朋友。”

“我们不会离开你的，无论发生什么变化，友谊是永恒的。”克里斯说。

“对！”梅拉妮赞同道，“当我们周围的事情发生变化时，就是我们应该随着奶酪的变化而变化的时刻了。”

安娜承认道：“我想我得快点儿从哼哼转变为唧唧，抢在我的奶酪发生变化之前。但是，我不知道该怎么做。”

凯丽建议道：“也许你应该像唧唧那样首先在脑海

里描绘一幅拥有新奶酪的画面。”

“不正是这个奶酪的画面帮助唧唧走进迷宫的吗？”梅拉妮说，“那时他想象着自己找到了更好的东西——新奶酪。”

凯丽建议道：“咱们想想看，就像我在投篮之前做的那样。在投篮之前，我越是清楚地想象自己投中篮筐的情形，就越容易将球投进篮筐。”

“所以呀，”安娜说，“如果我能想象出明年上大学的画面，大学的快乐时光、学到许多新东西、结交很多新朋友，那样的话，我要经历的种种变化就不会那么可怕了。”

她咬了一口比萨，努力想象着自己在大学校园里的情形。

“你至少还知道你的恐惧是什么，”梅拉妮说，“我有时根本就不知道自己害怕变化，我可能把这种恐惧藏在其他东西的下面了。”

“比如说？”彼得问。

“嗯，比如去年秋天竞选班长的事。”梅拉妮回答道。从桌子的另一端发出一声叹息。“我们干吗要再提那件事呀？”彼得边说边抓起一块比萨。

“要提，”梅拉妮说，“但是这次有些不同。”她向上推了推眼镜，继续说道："你们看，我满以为自己会当选班长。怎么能当不上呢？我在班里成绩最好啊，我甚至没有想过为了竞选班长再努力一些，因为我觉得一切都是理所当然的。我发现了第一个奶酪站，难道不是吗？我想我那时太骄傲了。

"后来怎么会落选了呢？要是能早点儿听到这个故事，这几个月我就不会没事儿找事儿地来烦你们了。我总是在辩解说，这是因为它是一个评选受欢迎程度的竞选，而且我一直认为这个竞选根本就不公平。

"现在回想起这件事，我觉得我就是哼哼，坐在奶酪站里等着奶酪自动出现在我的面前。如果奶酪没有出现，那一定是别人的错。嘿，各位，告诉我，当我不停地抱怨的时候，我看起来是不是很像哼哼？"

"还好啦，是有点儿像。"乔希笑着说。所有人都笑起来。"但是我们一直挺支持你的，我猜大家可能都害怕变化。"乔希继续说，"好像所有意料之外的变化自然而然都是坏事。如果有个人说变化是坏主意，其他人都会同意。这好像是我们的通病。"

"我越细想自己是这个故事中的哪个角色，就越清楚我竞选失败的原因。"梅拉妮说，"我只是想着当选班长可以为我的大学申请加分，所以我就舒服地坐在我的奶酪站里，等待一切自动发生，实际上我应该走进迷宫，到处嗅嗅，抓紧时间赶路，这样我才能知道大家想要一个什么样的班长。

“如果我像唧唧那样，我就会看到自己什么地方做错了，然后自嘲一下，马上做出改变，这样结果会更好。但是，我并没有那样做……我实在是太愚蠢了。”

“嘿，还有明年嘛。”凯丽说。

彼得笑着说：“像唧唧那样赶快出发吧！”梅拉妮被逗笑了。

乔希在午餐后一直琢磨着一个问题，这时他问大家：“你们认为哼哼会不会改变，最终找到他的新奶酪？”

“我不知道。”凯丽说。

“我觉得他变不了，”安娜说，“有些人永远都不会变，而且他们会为此付出代价。”

“看看我们自己吧，”梅拉妮告诉她的朋友们，“我们中的大多数人都有这样的经历：我们没有随着奶酪的变化而变化，因此最终都受到了伤害。”

“哎呀，得了吧，”彼得仍旧带着怀疑的语气说，“你们这些家伙太把这个故事当回事儿了！每天都有很多变化发生，没有这个奶酪的故事，我过去 16 年也过得不错嘛。”

“也许曾经发生的都是些小变化，”梅拉妮说，“但是碰到大的变化又会怎样呢？”

“看看我们今天是怎样看待学校里的变化的吧！”凯丽插话道，“我们中没有人嗅到变化，没有人认真查看新的课表。相反，我们都还待在自己舒适的奶酪站里，一味地抱怨。”

“你说得很对，”安娜说，“后来我听说，最先跑到办公室里询问新课表的人可以优先选择他们喜欢的课程。他们就像唧唧一样，而我们这群哼哼很有可能被分配给我们不喜欢的课程。”

克里斯一直乐呵呵地保持着沉默，听朋友们讲这个故事给他们带来的思考还挺有趣的。

彼得向四周望了望，问：“卡尔去哪里了？”

“他说他想看一个电视节目。”凯丽回答道，“我从他的脸上就能看出来他认为这个故事很傻，但很可能他才是最需要听这个故事的人。”

梅拉妮点点头：“我看卡尔并没有听懂这个故事。这个故事也提出一些棘手的问题，比如说我们应该抛弃哪些旧奶酪，我们应该去寻找哪些新奶酪。也许他还没有准备好去面对这些问题。”

“卡尔让我想起当初我父母决定搬到这里时的情景，”凯丽说，“那时我不想离开我的朋友们，我完全拒绝这个变化。这样做真的不好。”

安娜笑着说：“我记得这件事，你刚来这所学校的时候谁都不理睬呢。”

“哦……”凯丽不好意思地用手捂住了脸。

“我没有面对变化，只是一味地固执己见，一举一动就像个小孩子。”凯丽承认道，“所有的事情我都责怪父母，连老师点名我都置之不理。”

“这些事我怎么都不知道？”彼得说。

“我也不知道。”乔希应和道，“真奇怪，现在要让你在班上不吭声恐怕都难了。”

凯丽在桌子底下踢了乔希一脚，“不管怎么说，我真希望当时我能够早点儿适应变化。那样的话，我可以少很多烦恼呢。”

安娜评论道：“你的奶酪发生了变化，当你最终面对这种变化时，你又认识了一帮很棒的新朋友。我这不算自夸吧？”

“当然不算。”彼得补充道，“不仅如此，你告诉过我们，你和以前的朋友仍保持着友谊。所以，一切都变得更好了，对吗？”

“你说得完全正确。”凯丽答道，“真不好意思，当时我怎么那么不懂事，我得为这件事向我父母道歉。”

安娜放下手中的比萨，说：“这个故事让我想起了凯文。”

大家都安静下来。凯文是安娜的前任男友，他们约会了一年后，凯文离开了安娜，安娜怎么挽留都没有用。过了很长一段时间，安娜才从这件事的阴影中走出来。

“我从来没有承认过，包括对自己，其实从一开始我们就有问题。”安娜说道。

“那块奶酪上面有一块很大的霉点。”乔希插话道，引得所有人都笑了起来。

“我对他是那么着迷，”安娜承认道，“能够和一个这么受欢迎的人约会不容易，我不想去看我们之间那些不和谐的地方。凯文就像嗅嗅，他可以预先看到问题。他也像唧唧，想把问题告诉我，但是我就像哼哼，根本不想听他说。最终，他离开了我，让我一个人待在旧奶酪站里。校友返校节的时候，他带回了他的‘新奶酪’。”

“有时候，变化总是要发生的。”彼得说，“就像奶酪有它自己的保质期，最终也会变质。”

“旧奶酪并不是你唯一的奶酪。”凯丽说。

“你说得对。”安娜叹了一口气。

“旧奶酪就像你平时常做的事，做这些事的时候你根本不用过脑子。”梅拉妮指出，“但有些习惯性的做事方式确实需要改变。”

“你们总是说我太介意别人怎么看我，”彼得突然说，“按说我不应该再担心别人怎样说。但是没辙，那是我的旧奶酪，我跟你们说吧，想不介意真的很难。”

“也许自嘲一下，你的恐惧就消失了，”凯丽建议，“唧唧这样做就很有效。”

“我怎么就不会自嘲呢？”彼得摇了摇头，“我希望别人都把我看作音乐家。我喜欢弹吉他，但是我担心自己不够出色，我还担心将来有一天我真有机会站上舞台时会演砸了。”

安娜问彼得：“还记得梅拉妮说的唧唧在他的脑子里描绘了一个画面，想象他如何享用新奶酪吗？这样的幻想可以让所有事情都变得轻松起来，最终他走出了迷宫。彼得，你也可以在脑子里面描绘一下你的新奶酪。”

“这么说，我应该想象自己加入了一个乐队演奏吉他吗？”彼得问。

“如果不惧怕变化的话，这就是你想做的事情。”克里斯指出。

“你说得对，”彼得承认，“因为我一直担心失败，所以没有取得成功。这样做真蠢，跟哼哼一直待在奶酪站里没什么两样。”

“你应该组织你自己的乐队，”梅拉妮说，“这是唧唧的想法，也就是他所写的‘随着奶酪的变化而变化，并享受变化’。如果你是一个能够使变化发生的人，你就不会害怕变化了。”

“我已经理解这个道理了。”凯丽说，“让我们都想一想自己想要的更好的东西是什么，想象一下我们的新奶酪。明天中午吃饭的时候再交流一下好吗？”

克里斯说：“好，看看是不是可以让卡尔也参加。我知道他顽固得很，没准儿他比我们更害怕变化呢。”

“棒极了，我回家后想把这个故事讲给我的爸爸和姐姐听。我想知道他们认为自己属于哪类人，我们家的新奶酪又是什么。”

“我希望你们家的新奶酪是放在冰箱里的，否则会坏掉的。”乔希打趣道。

这时，梅拉妮看了看手表，说：“哦，糟糕，太晚了，我该回家了。”

梅拉妮趁别人付账时给她妈妈打了一个电话，然后她给耐心的服务生留下了一笔不菲的小费。

乔希伸开胳膊放到脑后，打了一个哈欠，说道："我们应该砸掉这些奶酪站了。"

"可不可以搭个车穿过迷宫啊？"安娜同乔希开玩笑。

"我也要搭车，"凯丽说，"你呢，彼得？"

"我走路回家，"彼得答道，"我得好好想一想。"

朋友们分手道再见，期待着明天再来讨论这个故事，也期待着把这个故事告诉其他朋友。

乔希走出门后，停下来，快速拥抱了一下克里斯，抱得克里斯的双脚都离了地。克里斯问："这是干吗？"乔希表示友好的动作让克里斯大吃一惊，因为乔希很少这样做。

"谢谢你给我们讲这个故事，哥们儿。"他说着，露出笑容。

克里斯也笑了："别客气。"他有一种感觉，他的朋友们要有所改变了，至少有的人会。

乔希会改变吗，他会走出他父亲去世的阴影吗？安娜会安排好她的大学申请事宜吗？彼得会克服他的自卑，开始表现自我吗？梅拉妮和凯丽会怎样？卡尔会不会考进一所很好的职业学校？其实他在机械方面真的很有天赋。

克里斯意识到，卡尔学习不好完全是他自己造成的。

谁会随着奶酪的变化而变化呢？克里斯暗自琢磨着。无论是谁，他都已经准备好与他们一起启程了。

作者简介

斯宾塞·约翰逊，医学博士，享誉全球的思想先锋和作家。他出版了十几本全球畅销书，其中包括被广为传诵的《谁动了我的奶酪？》、与肯·布兰佳合著并畅销20多年的管理图书《一分钟经理人》，以及全球畅销书《礼物》。约翰逊博士的许多观点帮助成千上万人发现了生活的真谛，使他们的生活更简单、更轻松、更成功。他“用简单有效的手法分析问题，的确是解决问题的高手”。

约翰逊博士先后获得美国南加州大学心理学学士学位、英国皇家外科学院博士学位。他曾就职于马约医学中心和哈佛医学院，之后又成为哈佛商学院领导力课题组的一名研究员。

他的作品引起了包括美联社、BBC（英国广播公司）、CNN（美国有线电视新闻网）、《财富》杂志、《纽约时报》、《商业周刊》、《时代周刊》、《今日美国》和合众国际社等主流媒体的广泛关注。

他还创立了“谁动了我的奶酪”公司，致力于帮助个人和机构成功地完成改变。《谁动了我的奶酪？》的相关动画片获得了2004年美国特勒电视节大奖（Telly Awards）。目前，斯宾塞·约翰逊博士的作品已被翻译成40多种语言，全球销量超过3 500万册，深受广大读者的喜爱。